Juana María Botía

Euphorbia helioscopia vs Penicillium digitatum

Juana María Botía

Euphorbia helioscopia vs Penicillium digitatum

Novos pesticidas biorracionais

ScienciaScripts

Imprint

Any brand names and product names mentioned in this book are subject to trademark, brand or patent protection and are trademarks or registered trademarks of their respective holders. The use of brand names, product names, common names, trade names, product descriptions etc. even without a particular marking in this work is in no way to be construed to mean that such names may be regarded as unrestricted in respect of trademark and brand protection legislation and could thus be used by anyone.

Cover image: www.ingimage.com

This book is a translation from the original published under ISBN 978-3-659-97667-4.

Publisher:
Sciencia Scripts
is a trademark of
Dodo Books Indian Ocean Ltd. and OmniScriptum S.R.L publishing group

120 High Road, East Finchley, London, N2 9ED, United Kingdom
Str. Armeneasca 28/1, office 1, Chisinau MD-2012, Republic of Moldova, Europe
Printed at: see last page
ISBN: 978-620-7-75383-3

ÍNDICE DE CONTEÚDOS:

CAPÍTULO 1

RESUMO

Neste trabalho foi realizado o estudo de extractos de *Euphorbia helioscopia* contra o fungo *Penicillium digitatum*, causador da podridão verde dos citrinos, para possível utilização como um novo antifúngico biorracional.

Os ensaios in vitro são realizados com extractos da planta inteira e de diferentes órgãos: Folha-Flor e Caule-Raiz de *E. helioscopia*. Os dados mostram que os extractos de caule-raiz são os mais inibidores do crescimento in vitro de *P. digitatum* (com 40,3%), enquanto que o extrato de Folha-Flor inibe 35,5%. No entanto, na presença do extrato completo da planta a inibição sobre o referido fungo é muito menor, apenas de 17,7%.

Nos ensaios com frutos de limão também o extrato de Flor-Folha é o que mais inibe o crescimento fúngico e nos frutos irradiados com UV a inibição sobre *P. digitatum* é ainda muito maior para o extrato de Flor-Folha, atingindo aos 12 dias do ensaio valores máximos de inibição do fungo de 41,6% para 170h de irradiação com luz UV.

Estes resultados sugerem que a *Euphorbia helioscopia* (lechetrezna) pode ser utilizada como uma planta com propriedades antifúngicas contra Penicillium digitatum e que estes extractos vegetais são a base para a elaboração de um novo fungicida bioreactivo que é fácil de degradar no ambiente após a aplicação na cultura.

CAPÍTULO 2

INTRODUÇÃO

Hoje em dia, é necessário incentivar na agricultura a utilização de biopesticidas, que são mais respeitadores do ambiente e podem gerar os mesmos resultados que um produto químico no controlo de pragas e doenças das plantas. Embora os pesticidas químicos sejam mais baratos e mais letais, os custos para a saúde e o ambiente são excessivamente elevados e, com o tempo, as pragas desenvolvem resistência a estes produtos. Os biopesticidas têm um potencial muito grande e deveriam ser uma alternativa viável para a produção agrícola em todo o mundo. Isto não significa que os pesticidas químicos deixem de ser aplicados, mas a sua utilização é mais racional e só são aplicados os que têm categorias toxicológicas III e IV (pouco tóxicos) e que são compatíveis com os biopesticidas utilizados.

Por isso, tem-se apostado em novos pesticidas aproveitando a grande quantidade de compostos químicos encontrados na natureza, tanto nos microrganismos como nas plantas; o que nos permite reorientar novas estratégias mais sustentáveis na proteção das culturas.

Existem muitos estudos sobre as propriedades antifúngicas de muitas plantas, promovendo assim a utilização de insecticidas de terceira geração, também chamados insecticidas biorracionais, que se decompõem rapidamente, têm um controlo eficaz e são compatíveis com os sistemas de gestão integrada das pragas (Urbano, 2004).

As propriedades antifúngicas de alguns produtos ou partes dos mesmos foram demonstradas em numerosas plantas: 1) Azadiractina indica capaz de inibir o crescimento de vários fungos fitopatogénicos (Amadioha, 2000; Govindachari et al., 1998); 2) os extractos de frutos de *Piper longum* L. exercem uma certa ação fungicida in vivo contra os fungos *Pyricularia oryzae, Botrystis cinerea, Phytophthora infestans* e Puccinia recondita nas suas respectivas plantas hospedeiras (arroz, pepino, tomate e trigo)

(Sung-Eun y col. 2001) (3) extractos de folhas de *Annona cherimola, Bromelia hemisphaerica* e *Carica papaya* inibem a esporulação de *Rhizopus stolonifer* em ameixas após a colheita (Bautista et al. 2000).

O nosso trabalho analisa a possibilidade de compostos na espécie *Euphorbia helioscopia* (lechetrezna) que são susceptíveis de serem utilizados como novos pesticidas biorracionales contra o fungo fitopatogénico *Penicillium digitatum*. Sabe-se que o género Euphorbia, com mais de 1500 espécies, tem sido estudado precisamente devido ao seu elevado teor em diterpenos biologicamente activos (Bittner et al 2001, Aziz et al., 2012).

A distribuição destes diterpenos em cerca de 60 espécies de Euphorbia mostrou que 90% das espécies estudadas continham tais compostos (Evans, F.J. e Kinghorn, 1977). Por outro lado, o estudo químico desta espécie também demonstrou a presença de óleos voláteis, alcalóides, esteróides, saponinas e esteróides (Hashemi et al., 2008) e por Selvakumar et al. (2012) demonstram a presença de taninos que também podem conferir propriedades antibacterianas.

Por outro lado, o fungo Penicillium ataca os citrinos e produz uma depreciação do produto, que em muitos casos impede a sua comercialização e é o agente causal da podridão verde dos frutos, produzindo mais de 90%

das perdas totais em pós-colheita (Eckert e Eaks, 1989).

Ensaios com extractos metanólicos de *E. helioscopia* mostraram efeito antifúngico contra o fungo *Aspergillus niger* e outra espécie, E. postrata também mostrou atividade máxima contra *Rhizopus oryzae* (Aziz et al., 2012).

Neste trabalho, a possível atividade antifúngica de extractos de *E. helioscopia* contra *P. digitatum* é avaliada em dois tipos de testes: 1) sobre o crescimento "in vitro" do fungo e 2) em testes "in vivo" sobre a crosta dos frutos de limão. Estudamos também a possibilidade de aumentar a ação inibidora dos extractos de lechetrezna com um tratamento prévio de irradiação de luz UV à superfície dos frutos de limão (Citrus lemon).

Sabe-se que na resposta de defesa dos citrinos ao ataque de agentes patogénicos os compostos fenólicos presentes na crosta dos mesmos desempenham um papel muito importante e o mais notável é que a acumulação destes compostos pode ser modulada por vários factores abióticos, como a irradiação de luz UV (Arcas et al., 2000). Arcas et al. mostraram que a irradiação com luz UV em frutos de laranja amarga aumentou os níveis de flavonóides em 70% para a naringina e a tangeretina, o que significa que o crescimento de *Penicillium digitatum* é reduzido em

45% em comparação com frutos não irradiados.

A localização superficial dos compostos fenólicos na casca dos frutos faz com que estes compostos actuem como antioxidantes e inibidores das enzimas fenolases (Challice e Kovanda, 1986), o que demonstra a sua implicação nos mecanismos de defesa dos frutos contra o ataque de agentes patogénicos (Botia, 2010).

Neste sentido, existem estudos que demonstram que a radiação UV tem um efeito direto na acumulação de compostos medicinais e antioxidantes em plantas como o alecrim, a hortelã, a pervinca ou o cártamo (Zhang e Bjorn, 2009) e em algas como a Chlorella sp. col., 2012). Assim, propomos aumentar a inibição do

Penicillium digitatum com a irradiação prévia de luz UV de 120 e 170 horas na superfície dos frutos de limão, e com o tratamento posterior de dois tipos de extractos: Flor-Folha e Caule-Raiz.

CAPÍTULO 3

MATERIAL E MÉTODOS

Material vegetal. A recolha da espécie selecionada *Euphorbia helioscopia* foi feita num solo agrícola. Os órgãos da planta foram separados em flores, caules, raízes e folhas, e foram depois secos no fogão Raypa (Figura 1) durante 8 dias a cerca de 65° C de temperatura.

Assim, toda a humidade da planta é extraída, tornando as enzimas inactivas e evitando a degradação dos compostos (Harbone et al., 1975); as partes foram depois trituradas para obter finalmente os extractos de plantas.

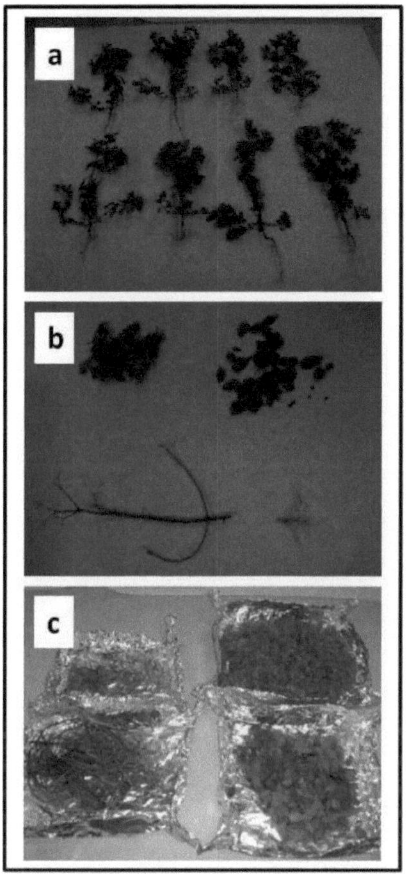

Figura 1. Processamento de *Euphorbia helioscopia*: espécimes recolhidos (a); órgãos separados (b) e estufa para secar os diferentes órgãos (c)

Extractos vegetais. Para obter os extractos, utilizou-se

Dimetilsulfóxido (DMSO) seguindo a metodologia semelhante à utilizada em numerosos estudos deste tipo (Botia et al., 2009). Numa balança Sartorius BL 601, pesa-se 1 grama de material vegetal seco de cada uma das partes da planta e dilui-se com 20 mililitros de DMSO (fornecido pela Scharlau Chemie, 99,5% de pureza). Passa-se para um agitador modelo Agitatic-N P Seleta e às 24 horas as soluções são filtradas para eliminar os materiais mais espessos e obter a fase líquida e homogénea com os metabolitos secundários que nos interessam para este estudo.

Meios de cultura. Para os ensaios com o fungo utilizámos o meio básico com batata-dextrose-ágar, mais conhecido como PDA (Laboratorios Microkit, S.L). À mistura de PDA com água destilada foram adicionados os diferentes extractos obtidos anteriormente num volume de 3 mililitros e completados até 60 mililitros com água destilada. A concentração final do material vegetal seco foi de 1 g / L em todos os meios problemáticos e nas placas problemáticas médias continha 1 mililitro de extrato vegetal. A esterilização dos meios de cultura foi efectuada na autoclave durante 20 minutos a 121º C. Os meios foram vertidos em placas de Petri estéreis Deltalab na câmara de fluxo laminar Telstar modelo Micro-H.

Tratamento UV. Os frutos maduros dos limões são lavados em água e colocados sob luz UV-C (254 nm) utilizando uma lâmpada germicida fornecida pela OSRAM, EUA. Os frutos intactos são colocados a 65 cm de distância da fonte de luz UV dentro da cabina de fluxo laminar Telstar modelo AV-100 durante 120 e 170 horas. Os frutos não tratados com luz UV são os frutos de controlo.

Material fúngico. A estirpe utilizada de *Penicillium digitatum* provém da Coleção Espanhola de Culturas Tipo (Universidade de Valência), activando o fungo antes da inoculação nos ensaios. As porções de fungo para os ensaios são retiradas das culturas fúngicas activadas e sempre da zona onde o micélio é mais jovem e se encontra em fase de crescimento exponencial, reduzindo assim, na medida do possível, a duração da latência ou adaptação que se produz ao inocular o fungo nos meios de ensaio.

O inóculo do fungo nos testes "in vivo" é obtido com o auxílio de um tubo cilíndrico de 6 mm de diâmetro, com o qual foi perfurado na cultura activada, e com o auxílio de uma lanceta as porções circulares de meio com micélio para: 1) centro das placas contendo os diferentes meios (meio de controlo e meio problemático com extractos de leite). As placas são inoculadas sob condições estéreis em cabine de fluxo laminar horizontal Telstar modelo AV-100 e 2) na

ferida feita na casca dos frutos, previamente tratados

(com extractos de leite) ou não tratados (controlo) (ver

Figura 2).

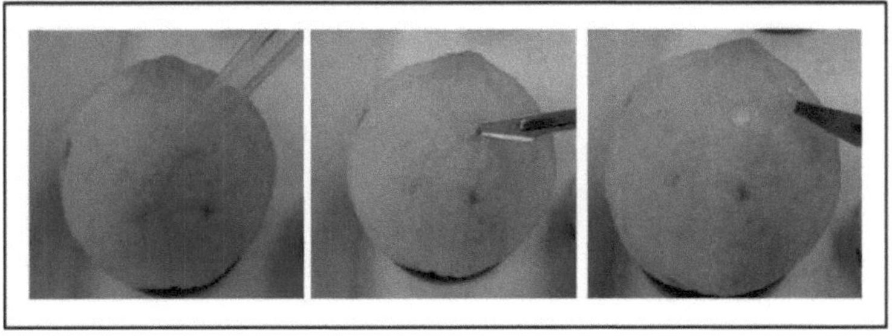

Figura 2. Ferida efectuada na casca dos frutos de

limão para os testes "in vivo".

Os frutos são lavados e divididos em 2 grupos: o 1º com

frutos de controlo (sem tratamento antes da inoculação

do fungo) e o 2º com frutos tratados com os extractos

FlowerLeaf e Root-Stem. A inoculação com o fungo ocorreu 30 minutos após a aplicação do extrato de leite na casca do fruto.

Medição do crescimento fúngico. Nos testes "in vitro" e a partir do momento da inoculação do fungo na placa, o diâmetro da colónia fúngica é medido de 24 em 24 horas. Nos testes "in vivo", o diâmetro da ferida no fruto é também medido de 24 em 24 horas. São sempre efectuadas duas medições perpendiculares do diâmetro da colónia em cada placa e da ferida em cada fruto.

Tratamento com luz UV e aplicação de extractos de Euphorbia em frutos. Os frutos são lavados e divididos em 3 grupos: o 1º com os frutos de controlo (sem tratamento prévio de luz UV), o 2º com frutos tratados com luz UV durante 120 horas e o 3º com frutos tratados com luz UV durante 170 horas. Os extractos Flor-Leaf e Root-stem são aplicados por imersão na solução de extrato (ver Figura 3).

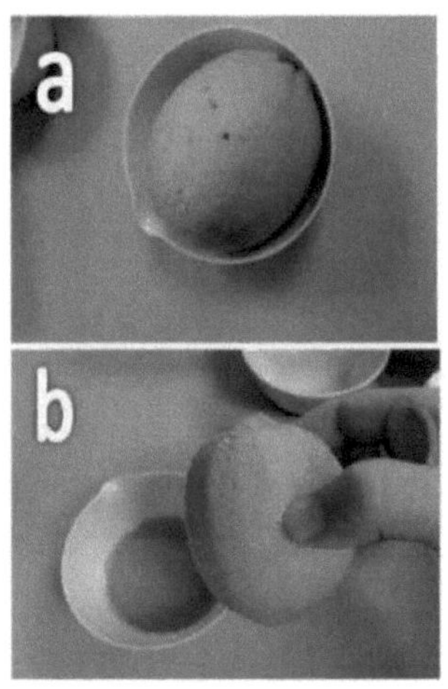

Figura 3. Tratamento do extrato de leite na casca do fruto da laranja.

A inoculação com o fungo *Penicillium digitatum* ocorreu 100 minutos após a aplicação dos extractos de leite na casca dos frutos. O ferimento efectuado em todos os frutos foi realizado com uma agulha de 0,1 cm de largura e 0,5 cm de comprimento (ver Figura 4), agulha essa que foi impregnada com esporos do fungo *Penicillium digitatum*.

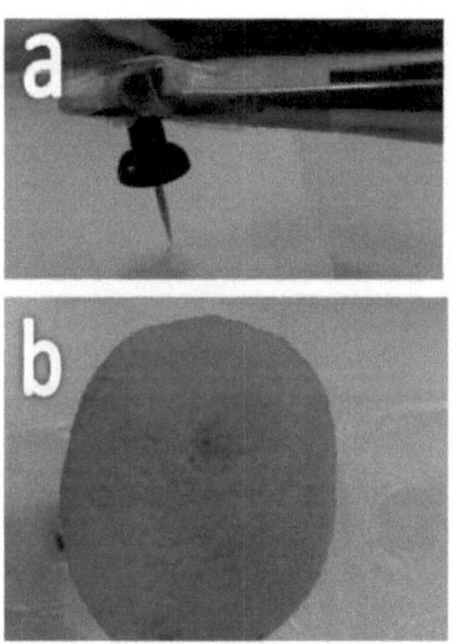

Figura 4. Procedimento de inoculação de Penicillium digitatum em frutos de limão

CAPÍTULO 4

RESULTADOS E DISCUSSÃO

Efeito do extrato vegetal completo de *E. helioscopia* no crescimento in vitro de *P. digitatum*. O fungo cresce em meios de cultura com extrato de planta completo. O gráfico 5 mostra o crescimento de *Penicillium digitatum* em meios de controlo e em meios com extrato completo de plantas de *Euphorbia helioscopia*.

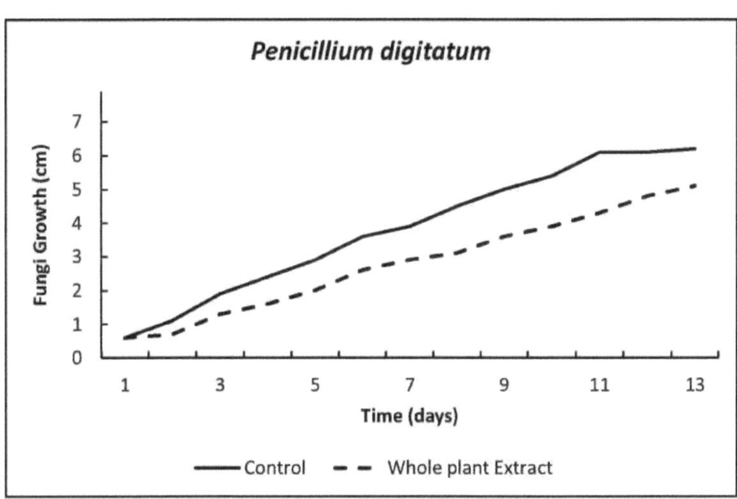

Figura 5. Curva de crescimento de *Penicillium digitatum* na presença de extrato completo de *E. helioscopia em* comparação com o meio de controlo

Desde o início do ensaio, o crescimento de *Penicillium digitatum* (Figura 5) é inibido em placas com extrato de leite versus o crescimento em placas de controlo. No entanto, em testes com F. oxysporum, verifica-se que a inibição do crescimento é maior do

que a produzida em P digitatum (Botia e Honorato,
2013).

Aos 13 dias do teste, o extrato de leite inibe o
Penicillium digitatum com uma percentagem de
17,48% em relação ao crescimento em meio de
controlo. Com estes resultados, propôs-se verificar se
a inibição que poderia ser exercida pelos diferentes
órgãos sobre os referidos fungos daria resultados
semelhantes ou não, uma vez que os metabolitos
presentes em cada órgão podem interagir entre si de
forma sinérgica ou como antogonistas, o que daria
origem a diferentes respostas antifúngicas.

Efeito dos extractos da folha-flor e do caule-raiz de

E. helioscopia no crescimento in vitro de P. digitatum. Os ensaios de crescimento in vitro na presença de extractos de folha-flor e de caule-raiz são apresentados na Figura 6.

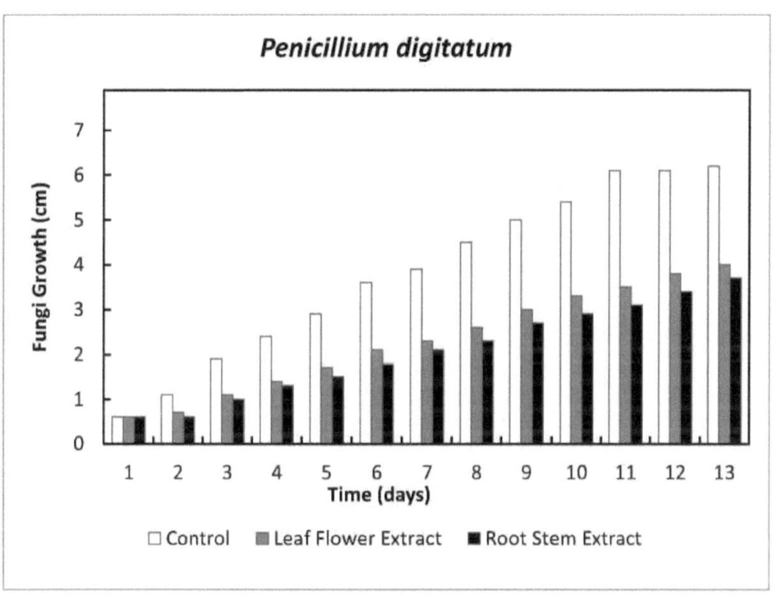

Figura 6. Crescimento "in vitro" de *P. digitatum* na presença de extractos de folhas-flores e de raízes-caules de *E. helioscopia*

A figura 6 mostra que a inibição do fungo ocorre com ambos os tipos de extractos, embora a inibição seja maior na presença do extrato da raiz do caule do que na presença do extrato da folha da flor.

Se observarmos o crescimento de *Penicillium digitatum* com ambos os extractos, demonstra-se que em ambos os meios se descreve o mesmo tipo de curva de crescimento, atingindo um diâmetro final de colónia de 6,2 cm no final do teste (13 dias); 4 cm e 3,7 cm para o controlo, extrato de folha-flor e extrato de caule de raiz, respetivamente.

Ao longo deste teste, ambos os extractos mantêm uma percentagem de inibição sobre o fungo mais ou menos constante, sendo de 35% para o extrato de Flor-Folha e de 40% para o extrato de Caule-Raiz. Seria interessante isolar os diferentes componentes antifúngicos presentes em *E. helioscopia.*

Deve-se ter em conta que o tipo e a quantidade de compostos secundários presentes nos diferentes órgãos das plantas e a sua concentração dependem também da época do ano e do estádio de desenvolvimento em que se encontra a espécie; o que implica a necessidade de estudar as diferentes fases de crescimento e desenvolvimento de *E. helioscopia* para determinar o momento ótimo e mais adequado, do ponto de vista fisiológico, para obter a maior quantidade de compostos antifúngicos produzidos naturalmente pela planta.

Efeito do leite-trezna no crescimento de *Penicillium digitatum* em frutos de limão

Este último teste in vivo foi realizado em frutos maduros de limão, dividindo os frutos em três grupos: 1) controlo, 2) tratados com extrato de Folha-Flor e 3) tratados com Caule-Raiz. Os frutos de controlo não foram tratados, e os restantes foram tratados durante meia hora com os extractos acima mencionados na casca do fruto. Após meia hora, foi feita uma ferida na casca de todos os frutos (ver Figura 2) e o inóculo dos fungos foi depositado na mesma.

Os resultados do crescimento dos fungos nos frutos são indicados no Quadro 1, onde se mostra que os tratamentos com os extractos inibem o crescimento fúngico nos dois fungos testados.

	Penicillium digitatum		
	Control	**Leaf-Flower**	**Root-Stem**
5 days	5,75	2,1	3,05
7 days	15	3,7	4,2
10 days	CF	7,8	12,8

Tabela 1. Crescimento de *Penicillium digitatum* na casca de limão em frutos de controlo (não tratados) e frutos previamente tratados com extractos de folha-flor e de caule-raiz. Fruto completo (CF)

Os dados mostram que o extrato de folha-flor de

Penicillium digitatum é o que produz uma maior inibição. Nos frutos de controlo aos 10 dias, os fungos cobrem os frutos na sua totalidade, enquanto que os frutos inoculados com Penicillium digitatum e tratados com extractos apresentam uma ferida de 7,8 cm e 12,8 cm para o extrato de Folha-Flor e Raiz-Tronco, respetivamente (ver Figura 7).

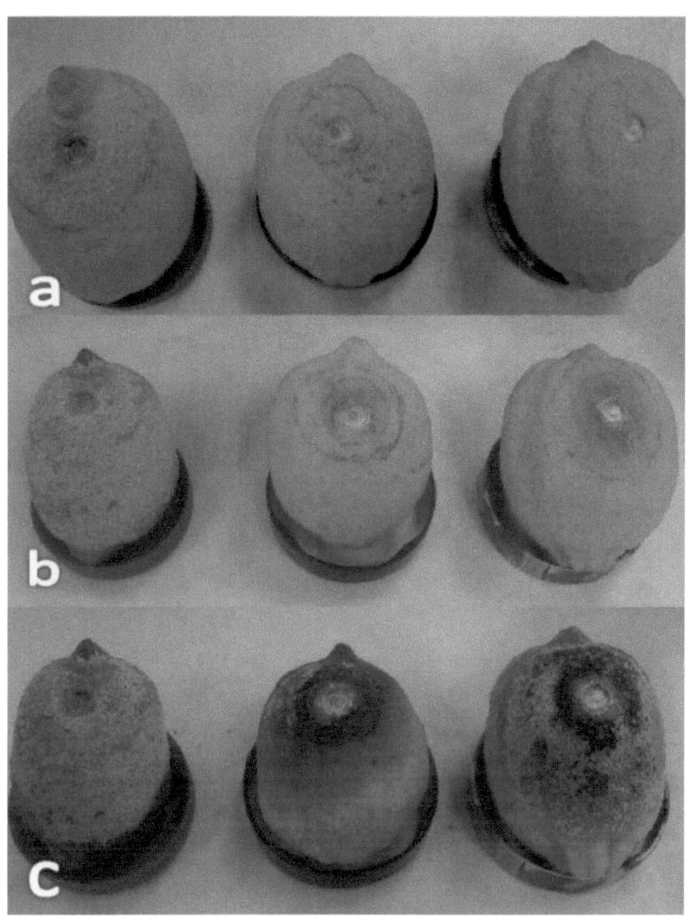

Figura 7. Evolução de *Penicillium digitatum* em frutos de limão. Controlo (esquerda), tratado com extrato de folha-flor (centro) e extrato de raiz do caule (direita). Fotografias tiradas aos 5 dias (a), 7 dias (b) e 10 dias

(c) do início do ensaio.

Como pode ser observado na Figura 7, nos limões o melhor extrato antifúngico contra o crescimento do fungo é o de Flor-Folha, enquanto que nas laranjas é o de Raiz-Tronco; atingindo os maiores valores de inibição fúngica 65,1% e 64,3%, respetivamente (Botia, 2014).

Efeito da luz UV e dos extractos de E. helioscopia no crescimento de P. digitatum em frutos de limão.

Estes ensaios foram realizados em frutos maduros de limão, dividindo os frutos em cinco grupos: 1) controlo 2) tratados com 120 horas de luz UV mais extrato de folhas de flores, 3) tratados com 120 horas de luz UV mais extrato de raízes de caule, 4) tratados com 170 horas de luz UV mais extrato de folhas de flores e 5) tratados com 170 horas mais extrato de raízes de caule. Os frutos de controlo não foram tratados com luz UV e os restantes foram tratados com luz UV e depois durante meia hora com os extractos de leite na casca dos frutos.

Os resultados do crescimento do fungo na ferida dos frutos de limão são apresentados na Figura 8 (A, extrato de folha de flor e B, extrato de raiz do caule), onde se mostra que os tratamentos com os dois tipos de extractos inibem o crescimento do fungo e que a inibição é sempre maior nos frutos tratados com luz UV 170 horas. No final do ensaio, aos 12 dias, o extrato de folha de flor é o mais eficaz, produzindo uma inibição do crescimento do fungo de mais de 60%, em comparação com os 20% alcançados com o extrato de raiz do caule.

Os gráficos 8A e 8B mostram valores ascendentes desde o início do ensaio, sendo sempre mais elevados no extrato de folha-flor em comparação com o extrato de raiz-caule, com valores de inibição para a folha-flor de 27,5 e 41,6% para 120 h e 170 h de luz UV, respetivamente; enquanto que para a raiz-caule são atingidos até 57,1 e 64,2%, para 120h e 170h de* luz UV, respetivamente.

A evolução do tamanho da ferida nos frutos aos 12 dias é apresentada na Figura 8, que mostra claramente o efeito inibitório dos tratamentos com luz UV e

extractos de milktrezna.

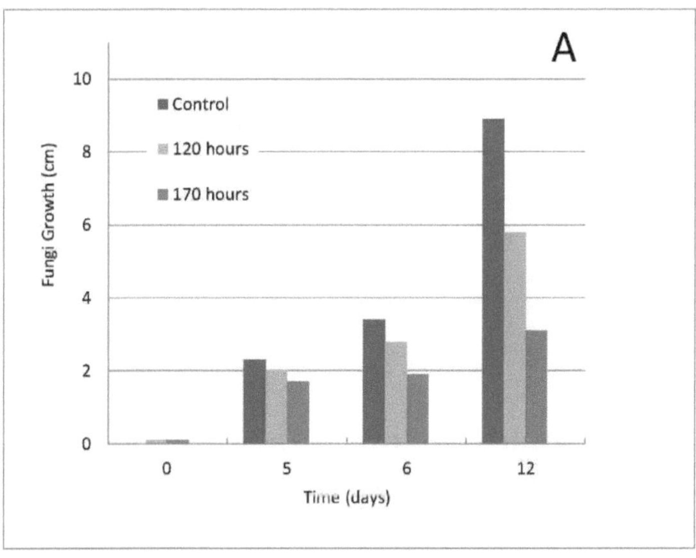

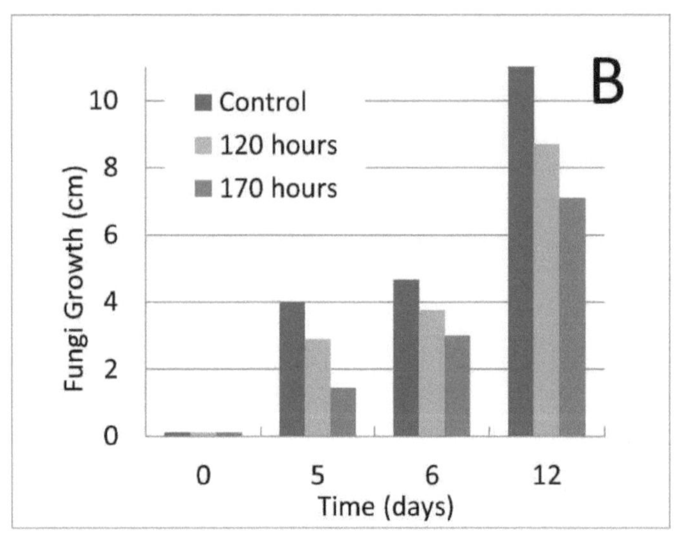

Figura 8. Efeito da luz UV no crescimento de P. digitatum em frutos de limão tratados com extractos de folhas de flores (A) e de raízes de caule (B).

CAPÍTULO 5

CONCLUSÕES

Podemos estabelecer que, a partir dos testes realizados tanto "in vitro" como "in vivo", é evidente que a leiteira (Euphorbia helioscopia) provoca a inibição do crescimento do fungo fitopatogénico Penicillium digitatum. O extrato da folha da flor é o que produz uma maior inibição nos limões, sendo de 65,1%, enquanto o extrato da raiz do caule não chega a 20%.

Nos ensaios de tratamentos com luz UV em limoeiros, o tratamento de 170 horas é o que produz um tamanho de ferida muito menor em comparação com os frutos tratados com 120 horas. Estes resultados sugerem que a lechetrezna pode ser utilizada como uma espécie vegetal com propriedades antifúngicas, e cujas propriedades podem ser melhoradas com o tratamento com luz UV. No entanto, seria interessante realizar um maior número de ensaios com outras espécies de citrinos e otimizar o melhor extrato contra este ou outros possíveis agentes patogénicos.

CAPÍTULO 6

BIBLIOGRAFIA

Amadioha, A.C. (2000) "Controlling riceblast in vitro and in vivo with extract of *Azadirachta indica"*. Proteção das culturas. Pag. 19, 287-290.

Areas, M.C; Botia, J.M; Ortuno, A.M. y Del Rio, J.A. (2000) "A irradiação UV altera os níveis de flavonóides envolvidos no mecanismo de defesa dos frutos de *Citrus aurantium* contra *Penicillium digitatum"*. European Journal ofPlantPathology. 106, 617-622

Awurum, A.N.; Okwu, D.E.; Onyokoro, P.O. (2005) "'Evaluation of some plants against *Colletotrichum* *lindemucthi* Anum in cowpea". Ato phytopathological et Enthomologica innigarica. 38, pp. 259-265.

Aziz, T.; Zahid, K. E Khalid, S. (2012) "Atividade antidiabética e antifúngica da família Euphorbiaceae" Ed. LAP Lambert Academic Publishing ISBN: 978-3-365914276-5. Pag:108

Bautista, S,: Hernandez, M.; Diaz, J.C.; Cano, C.F. (2000) "'Avaliação das propriedades fúngicas do extrato de plantas para reduzir *Rhizopus stolonifer* de frutos de "ciruela" (*Spondias purpurea L.*) durante o armazenamento". Postharvest Biology ang Technology: 20, 99106.

Bittner, M.; Alarcon, J.; Aqueveque, P.; Becerra, J.;

Hernandez, V.; Hoeneisen, M. y Silva, M. (2001). '"Estudio Quimico de Especies de la familia Euphorbiaceae en Chile". Bol.Soc.Chil.Quim. v.46 n° 4.

Botia Aranda, J.M. (2010) Efecto de la aplicacion de fitorreguladores auxinicos sobre los niveles de flavanonas en frutos de pomelo. Levante Agricola, 4° trimestre, 355-360.

Botia Aranda, J.M; Berenguer Ferrandez, A.; Aliaga Gonzalez G. y Roda Garcia, J.J. (2009). "Inhibition del crecimiento de *Phytophthora citrophthora y Fusarium oxysporum* en presencia de extractos de adelfa (*Nerium oleander*)". Cuadernos de Fitopatologia, 30 trimestre, no 101: 7-12.

Botia Aranda, J.M. y Honorato Garcia, A.I. (2013) "Inhibition de hongos fitopatogenos por extractos de lechetrezna (*Euphorbia helioscopia*). Ensayos "in vitro" y sobre corteza de frutos de limon. Levante Agricola,nO 417: 186-190.

Botia Aranda, J.M. y Roda Garcia, J.J (2010). "Efecto sobre el crecimiento de *Pythium ultimum* en presencia de extractos de *Erodium cicutarium, Diplotaxis erucoides, Eruca vesicaria* y *Nerium oleander* ". Cuadernos de Fitopatologia, 2^O trimestre, n°104: 5-10.

Chailice, J, Kovanda, M. (1986) Flavonoids ofSorbus eximiea. Preslia, 58 (2): 165-167

Copia, J.; Gaete, H.; Zuniga, G.; Hidalgo, M. y Cabrera, E. (2012) "Efecto de la radiacion ultravioleta B en la producción de polifenoles en la microalga marina Chlorella sp". Lat. Am. J. Aquat. Res., 40(1): 113-123.

Eckert J.W. e Eaks, I.L. (1989). Perturbações e doenças pós-colheita dos citrinos. In: The Citrus Industry, Reuter, W.; Calavan, E.C.; Carman, G.E. (Eds.).

Berkeley, EUA : Univ. Calif. Press, pp. 179260 : v. 5.

Evans, F.J. y Kinghorn D.A. (1977). Um estudo fitoquímico comparativo dos diterpenos de algumas espécies dos géneros *Euphorbia* e *Elaeophorbia*

(Euphor biaceae). *Bot. J. Linn. Soc.* **74**, 93

Govindachari, T.R; Suresh, G.; Gopalaskrishnan, G.; Banumathy, B.; Masilamani, S. (1998) "Identification of Antifungical Compounds from the Seed Oil *of Azadirachta indica"*. Phytoparasitica: 26, 1-8.

Harbone, J.B.; Mabry, T.J.; Mabry, H. (1975). "The Flavonoids". Chapman and Hall, Londres.

Hashemi, S.R.; Zulkifli, I.; Hair Belo, M.; Farida, A.; Somchit, M. (2008) "Estudo de toxicidade aguda e rastreio fitoquímico de extractos aquosos de ervas seleccionadas em frangos de carne. Int. J. Pharmacol. 4(5): 352-360.

Kanetis L. e Adaskaveg J.E. (2005). Potencial de resistência da azoxistrobina, do fludioxinil e do pirimetanil ao agente patogénico pós-colheita dos citrinos *Penicillium digitatum*. Phytopathology, 95(S): S51.

Hashemi, S.R.; Zulkifli, I.; Hair Belo, M.; Farida, A.; Somchit, M. (2008) "Estudo de toxicidade aguda e rastreio fitoquímico de extractos aquosos de ervas seleccionadas em frangos de carne. Int. J. Pharmacol. 4(5): 352-360.

Okwu, D.E.; Awurum, A.N.; Okoronkwo, J.I. (2007) "Composição fitoquímica e rastreio da atividade antifúngica in vitro de extractos de plantas cítricas contra *Fusarium oxysporum* da planta Okra

(*Hibiscus esculentus*)". Actas da Conferência Africana de Ciência das Culturas Vol. 8 pp. 17551758.

Selvakumar, P.; Kaniakumari, D.; Loganathan, V. (2012) "Investigação fitoquímica preliminar do extrato de folhas e caule de *Euphorbia hitra*". Int J Curr Sci pp: 48-51.

Sung-Eun, L.; Byeoung-Soo, P.; Moo-Key, K.; Won-Sik, C. (2001) "Fungical activity of pipernonaline, a piperidine alkaloid derived from long pepper, *Piper longum L,* against phytopathogenic fungi". Proteção das culturas: 20, 523-528.

Urbano Terron, P. (2004) "Biopesticidas de origen vegetal". Edições Mundi-Prensa.

Yaseen, T. y D'Onghia, AM (2012). *Fusarium* spp. asociado a citrus dry pudricion de la raiz: un tema emergente para citricultura mediterraneo. Ata Hort.(ISHS) 940:647-655

http://www.actahort.org/books/940/940 89.h tm

Zhang, W.J. y Bjorn, L.O. (2009) "The effect of ultraviolete radiation on the accumulation of medicinal compounds in plants" [O efeito da radiação ultravioleta na acumulação de compostos medicinais nas plantas]. Fitoterapia, 119: 280-315.

Printed by Books on Demand GmbH, Norderstedt / Germany